长满微生物的书

病菌

[韩]白明植 著/绘

史倩 译

黄河出版传媒集团
阳光出版社

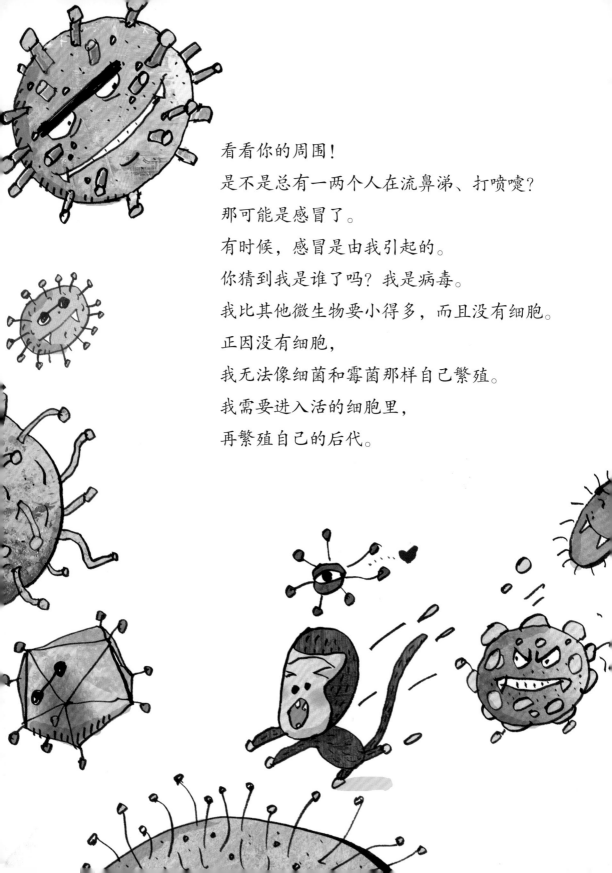

看看你的周围！

是不是总有一两个人在流鼻涕、打喷嚏？

那可能是感冒了。

有时候，感冒是由我引起的。

你猜到我是谁了吗？我是病毒。

我比其他微生物要小得多，而且没有细胞。

正因没有细胞，

我无法像细菌和霉菌那样自己繁殖。

我需要进入活的细胞里，

再繁殖自己的后代。

我能钻进动物、植物和微生物的所有细胞中。

进入其他生物的细胞以后，

最先做的就是在那里留下我的遗传基因。

这样能让它们完全感知不到有外敌入侵。

我大口大口吸取它们的营养，

然后繁衍很多自己的子孙。

但问题是我在细胞里繁衍的子孙，

会改变原来细胞的性状，

进而引发疾病。

头（蛋白质）

DNA

尾巴

等一等，先留下我的遗传基因！

细菌的细胞

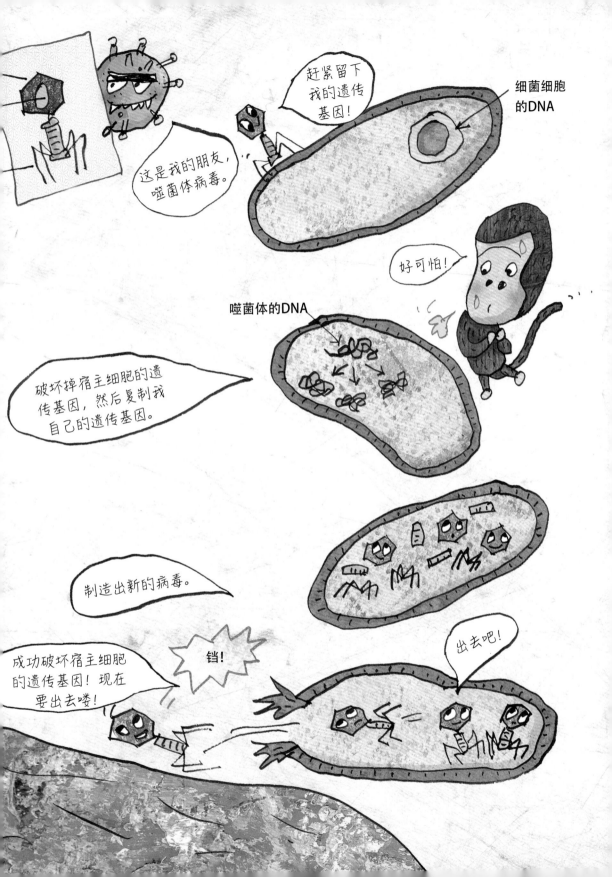

我的忍耐力特别棒。

只要我进入细胞里，就绝对不出来。

我会悄悄藏在细胞深处，

一直等待适合行动的时机。

人的身体健康时，我就像死了一样等待着；

一旦感觉人的身体变弱，我就快速行动。

你问我能等待多久？

不论是十年，二十年，我都能忍受，

直到我所入住的身体变弱为止。

我趁人们到处乱摸时，
通过嘴和鼻迅速进入人体。
一旦我进入人的体内，
就会引发食物中毒、肠炎、感冒等。
对了，当你感冒打喷嚏的时候，
最好用手或手绢挡住嘴，一定不要冲着别人。
相信你一定知道这个常识。
这样，我就不会跑到另一个人身上了。

最初，我的存在完全不为人所知。

人们知道感染了疾病，却不知道具体是如何患病的。

直到1892年，俄罗斯一位名叫伊万诺夫斯基的科学家

终于发现了我的存在。

伊万诺夫斯基在一次偶然的机会中，

发现烟草花叶病的病原菌通过了细菌过滤器。

"哇，竟然有比细菌还小的生物！"

伊万诺夫斯基大吃一惊。

那个小生物就是我——"病毒"啦。

我的个头只有十亿分之一毫米。难以想象吧？

自那之后，科学家们就陆续发现了

引起感冒、狂犬病、牛痘等传染病的病毒。

对了，人类对我有一点错误的认知。

人们以为，感冒病毒在冷的时候更加活跃。

其实，感冒病毒和天气没有关系。

那为什么冬天患感冒的人更多呢？

可能是湿度的缘故。

一些地区冬季供暖，室内会变热，室内的空气也变得干燥。

这时，人身上的支气管黏膜就会干燥。

支气管黏膜的黏液能防止我们病毒的入侵。

当黏膜一旦干燥，那就很难阻止我们了。

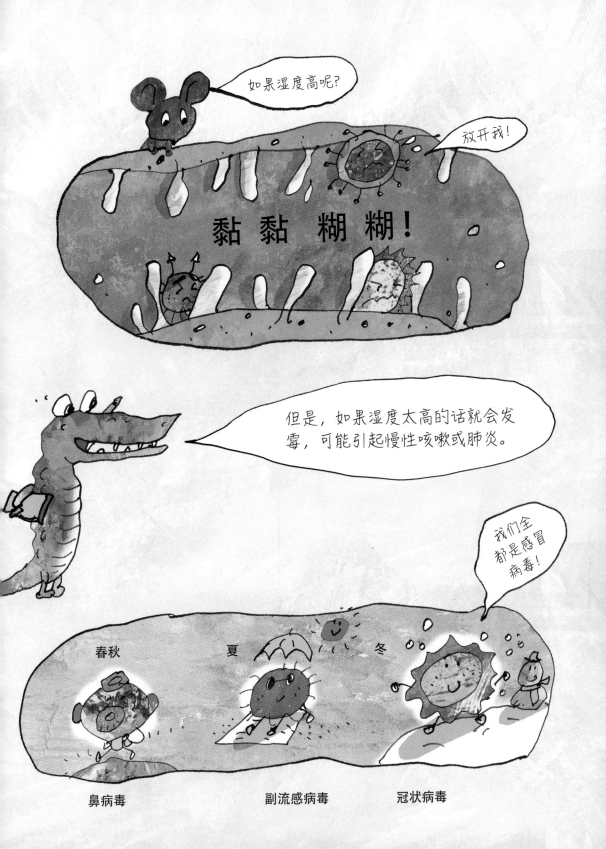

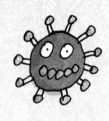

我好像真的很特别。

我不像其他微生物那样又吃又拉。

我需要进入其他的生命体，

去借助那个生命体的力量才能繁殖。

你觉得我很卑鄙？那我也别无他法。

我不是由细胞组成的，
也不能靠自己的力量移动。
为了生存下去，
我只能寄生在其他生物身上。

我和细菌有什么区别呢？

细菌比我大近100倍。

我只有核酸和蛋白质，

而细菌被结实的细胞壁包围，里面有核和磷脂，

细胞内还有小的器官。

另外，细菌可以帮助人们消化，

还能帮人们击退有害菌。

但是我们两个也有共同点：

一来我俩都是能引起疾病的微生物，

二来我俩都含有能繁殖的遗传物质。

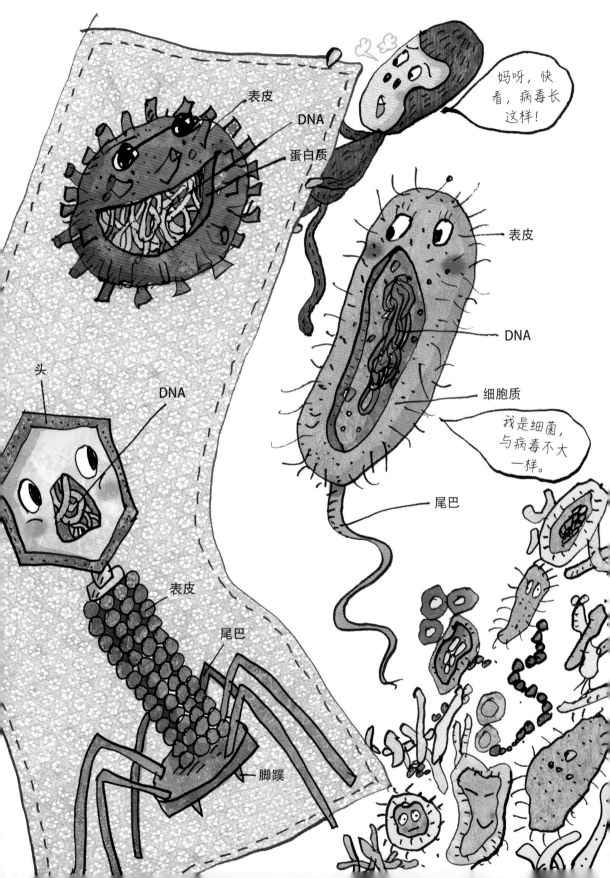

炎热的夏天，食物容易变质，
发生食物中毒的概率很高。
不过，寒冷的冬天也会发生食物中毒，
那是诺如病毒干的坏事。
即使在冻结实的冰里，
这家伙也能存活几十年。
只要你接触过感染了诺如病毒的人的手，
就很容易被传染上诺如病毒。
一定要多加小心！

利用病毒制造人体器官

对了，利用我还能制造人体器官。

科学家们看到长着蓝脸的山魈，纳闷地问：

"猴子体内没有蓝色色素，为什么这猴子是蓝色的呢？"

其实是因为制造皮肤的胶原蛋白反射出了蓝色的光。

科学家这才发现，原来，相同的胶原蛋白，

根据排列方式的不同，既能变成透明的角膜，

也能变成像骨头和牙齿一样坚硬的器官。

然后，他们就开始利用我改变胶原蛋白的排列。

我相信，以后人体器官也可以被制造出来。

届时，我们病毒就不再是令人生畏的对象，

而会被赞誉为善良的微生物吧？哈哈哈。

我真的是很可怕的家伙。

我只要稍微一动，就让人们闻风丧胆。

2002年，中国发生了被称为严重急性呼吸综合征的SARS事件；

2009年，甲型H1N1流感在美国大面积爆发，并蔓延到214个国家和地区；

2012年，在中东首次发生中东呼吸综合征疫情；

我是SARS冠状病毒。

我的名字是MERS冠状病毒。

我是埃博拉病毒。

这些可怕的传染病疫潮，
都是由我们病毒引起的。
嘴唇经常起水泡？
那是叫作疱疹的病毒在跟你闹着玩。
人们常称之为单纯疱疹。
一旦感染上，就很难根治。
它会一直藏在宿主的体内，
等你身体疲劳乏力时，
它就悄悄出现并繁殖。

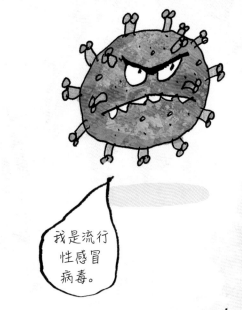

我是流行性感冒病毒。

嘴唇起水泡、浮肿，这是疱疹病毒干的！

它们真讨厌！

要像我一样，时刻谨记预防病毒。

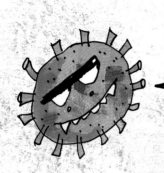

快来围观！
我来介绍一下我们周围常见的病毒！

辣椒病毒
如果病毒转移到除辣椒和香烟以外的其他植物上，导致果实生病的话，就会出现花叶斑点。如果能消灭传播我的蚜虫，就可以成功避开我。

我长得像竹节虫吗？

皮肤真的好光滑。

多瘤病毒
被我感染的话会得皮肤癌。

皮肤最适合我居住了。

乳头瘤病毒
会导致宫颈癌。

人的皮肤

我平时一动也不动地待着，也不吃东西，
甚至都不呼吸。
但是，只要一碰到细胞，
我就像被施了魔法，马上迅速移动。
我通过人的伤口、嘴、鼻进入人体。
想要阻止我？根本不可能。
我的传染速度比细菌快得多。
所以，预防、接种疫苗才是正道哦！

嘘！这是绝密——如果免疫力好的话，免疫细胞可以击退我。但是，免疫细胞也无法战胜我们所有病毒。

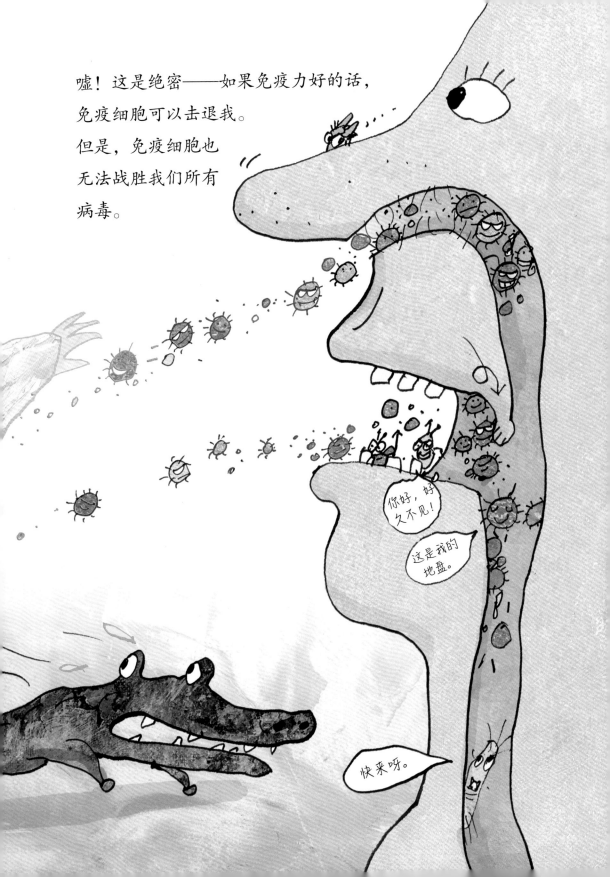

人们为了消灭我而制造药物。

吃了那个药，一开始可能会有效果。

但药效不会持续很久。

为什么？

因为我很快就会变成不同的模样，

我是变身的天才。

每当人们制造出药物，

我就会变异。

所以人类很难开发出彻底消灭我的药。

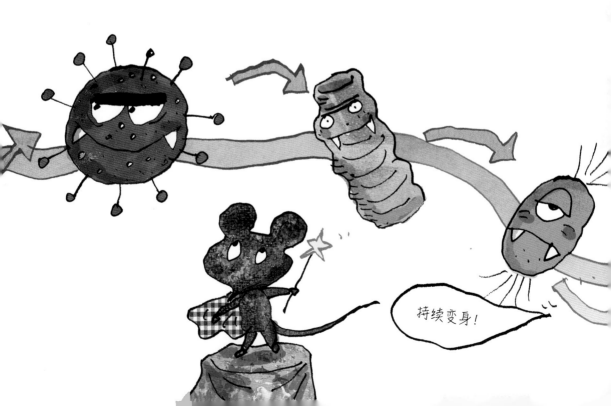

持续变身！

我总让人生病，你们肯定都很讨厌我。
但是，我为了活下去也别无选择。
所以请你不要讨厌我，
让我们一起努力，
寻找在地球上彼此共生的方法吧！

吵吵嚷嚷
科学辞典

霉菌

由像线一样又长又细的菌丝□
成。霉菌会使我们身体生病□
使食物变质，但它也被用作□
产药品的材料。

突变

指遗传基因或染色体的结构发生变化，出现了以前没有过的特征。这种新产生的特征会遗传给后代。

病毒

是比细菌还小得多的微生物。病毒为了摄取养分和繁殖，寄生在动植物或细菌等活的细胞中。

噬菌体

"噬"就是吃的意思。正如□名，噬菌体是捕食细菌的□毒。最近，科学家们一直在□注噬菌体，希望把它当成抗□素的替代品。

过滤器

指过滤各种混合物质，只留下纯粹物质的装置。为了喝到干净的水，人们会安装净水器的过滤器滤芯，这个滤芯就属于过滤器。另外，人们还利用空气过滤器制造干净的空气。

传染病

指由病原体引起的、能够在人与人、动物与动物或人与动物之间相互传播的疾病。传染病很久以前就有了。

胶原蛋白

指皮肤、血管、骨头、牙齿□肌肉等结合组织中的蛋白质。我们身体中的蛋白质有三分□一是胶原蛋白。

狂犬病

够破坏中枢神经系统引起非可怕的病。人类多因被患有犬病的狗咬伤而感染。人类了狂犬病后很害怕水，因此称为"恐水症"。

蛋白质

是所有细胞的重要组成要素，由氨基酸组成。有助于我们人体内进行化学作用的酵素也是蛋白质。

流行性感冒

流行性感冒病毒会传染。虽然和普通感冒差不多，但是比普通感冒时发烧更严重、身体不适感更强。严重的话还可能丧命。每年世界卫生组织都会制造流感疫苗，帮助人们预防流感。

细胞

成生物体的基本单位。大部的生物都是由细胞组成的。胞的形状和大小根据生物的类而不同。

宿主

指依靠其他生物生活的寄生生物所选择的寄生对象。也就是说，宿主会被寄生生物夺走自己的营养成分。

食物中毒

被食物中的细菌或病毒感染而产生的疾病。食物中含有的毒素成分会被身体吸收，引起食物中毒。食物中毒后会腹痛腹泻，即我们常说的"闹肚子"。

克罗恩病

是在我们身体的食道、胃、肠、大肠、肛门等消化器官任何一个地方都可能发生的性炎症性肠道疾病。是非常见的病，但最近它的发生率在升高。

性状

指某种生物所具有的可观察到的各种特征，例如瞳孔的颜色、个头儿的大小等。

图书在版编目（ＣＩＰ）数据

长满微生物的书．病毒／（韩）白明植著、绘；史倩译．-- 银川：阳光出版社，2022.4
ISBN 978-7-5525-6233-0

Ⅰ．①长… Ⅱ．①白… ②史… Ⅲ．①病毒－儿童读物 Ⅳ．① Q939-49

中国版本图书馆 CIP 数据核字（2022）第 023491 号

바이러스
(Virus!)
Text by 백명식 (Baek Myoungsik, 白明植), 천종식 (Cheon Jongsik, 千宗湜)
Copyright © 2017 by BLUEBIRD PUBLISHING CO.
All rights reserved.
Simplified Chinese Copyright © 2022 by KIDSFUN INTERNATIONAL CO., LTD
Simplified Chinese language is arranged with BLUEBIRD PUBLISHING CO. through Eric Yang Agency

版权贸易合同审核登记宁字 2021008 号

长满微生物的书 病毒　　　　　　　　　　　[韩] 白明植 著/绘　　史倩 译

策　　划	小萌童书 / 瓜豆星球	电子信箱	yangguangchubanshe@163.com
责任编辑	贾　莉	经　销	全国新华书店
本书顾问	千宗湜	印　刷	北京尚唐印刷包装有限公司
排版设计	罗家洋　胡怡平	印刷委托书号	（宁）0022986
责任印制	岳建宁	开　本	787 mm×1092 mm 1/16

黄河出版传媒集团
阳光出版社　出版发行

		印　张	2.5
出版人	薛文斌	字　数	25 千字
地　址	宁夏银川市北京东路139号出版大厦(750001)	版　次	2022 年 4 月第 1 版
网　址	http://www.ygchbs.com	印　次	2022 年 4 月第 1 次印刷
网上书店	http://shop129132959.taobao.com	书　号	ISBN 978-7-5525-6233-0
		定　价	138.00 元（全四册）